上海市工程建设规范

直膨式太阳能热泵热水系统应用技术标准

Technical standard for direct expansion solar heat pump water heating system

DG/TJ 08—2400—2022
J 16200—2022

主编单位:上海交通大学
批准部门:上海市住房和城乡建设管理委员会
施行日期:2022 年 7 月 1 日

同济大学出版社

2023 上海

图书在版编目(CIP)数据

直膨式太阳能热泵热水系统应用技术标准/上海交通大学主编. —上海：同济大学出版社，2023.5

ISBN 978-7-5765-0821-5

Ⅰ.①直… Ⅱ.①上… Ⅲ.①太阳能水加热器—热泵系统—技术标准—上海 Ⅳ.①TK515-65

中国国家版本馆 CIP 数据核字(2023)第 066764 号

直膨式太阳能热泵热水系统应用技术标准

上海交通大学 **主编**

责任编辑 朱 勇
责任校对 徐春莲
封面设计 陈益平

出版发行 同济大学出版社 www.tongjipress.com.cn
(地址:上海市四平路 1239 号 邮编:200092 电话:021-65985622)
经 销 全国各地新华书店
印 刷 江苏凤凰数码印务有限公司
开 本 889mm×1194mm 1/32
印 张 2.625
字 数 71 000
版 次 2023 年 5 月第 1 版
印 次 2023 年 5 月第 1 次印刷
书 号 ISBN 978-7-5765-0821-5
定 价 30.00 元

上海市住房和城乡建设管理委员会文件

沪建标定〔2022〕87 号

上海市住房和城乡建设管理委员会关于批准《直膨式太阳能热泵热水系统应用技术标准》为上海市工程建设规范的通知

各有关单位：

由上海交通大学主编的《直膨式太阳能热泵热水系统应用技术标准》，经我委审核，现批准为上海市工程建设规范，统一编号为 DG/TJ 08—2400—2022，自 2022 年 7 月 1 日起实施。

本标准由上海市住房和城乡建设管理委员会负责管理，上海交通大学负责解释。

上海市住房和城乡建设管理委员会

2022 年 1 月 29 日

前　言

根据上海市住房和城乡建设管理委员会《关于印发〈2020 年上海市工程建设规范、建筑标准设计编制计划〉的通知》（沪建标定〔2019〕752 号）的要求，由上海交通大学会同有关单位负责本标准的编制。

本标准的主要内容有：总则；术语和符号；基本规定；安装位置设计与布置；设计与选型；施工与验收；性能测试；运行与维护。

各单位及相关人员在执行本标准过程中，如有意见和建议，请反馈至上海市住房和城乡建设管理委员会（地址：上海市大沽路 100 号；邮编：200003；E-mail：shjsbzgl@163. com），上海交通大学（地址：上海市东川路 800 号；电话：021－34204358；邮编：200240；E-mail：ZSH2015fjyc@sjtu. edu. cn），上海市建筑建材业市场管理总站（地址：上海市小木桥路 683 号；邮编：200032；E-mail：shgcbz@163. com），以供今后修订时参考。

主 编 单 位：上海交通大学

参 编 单 位：华东建筑设计研究院有限公司
上海市建筑科学研究院
上海市太阳能学会

参 加 单 位：上海玄思科技实业有限公司
上海博阳新能源科技股份有限公司
上海彦安机电工程有限公司
山东力诺瑞特新能源有限公司
浙江柿子新能源科技有限公司
上海弘正新能源科技有限公司
青岛经济技术开发区海尔热水器有限公司

主要起草人：代彦军　寇玉德　赵　耀　姚　剑　郑思航
刘　剑　张文宇　张　倩　张宏泉　封安华
李晓峰　马光柏　唐玉敏　杨春涛

主要审查人：寿炜炜　徐　凤　车学娅　刘晓燕　古小英
范宏武　李　勇

上海市建筑建材业市场管理总站

目　次

Contents

1 总 则

1.0.1 为贯彻国家可再生能源利用与建筑节能的相关法规和政策，规范本市直膨式太阳能热泵热水系统的设计选型、施工验收、性能测试及运行维护，制定本标准。

1.0.2 本标准适用于本市新建、扩建和改建的民用建筑中采用直膨式太阳能热泵热水系统的工程。

1.0.3 直膨式太阳能热泵热水系统的应用应充分考虑建筑使用功能和空间、施工安装和维护的要求，结合国家有关节能减排、安全卫生和环境保护等政策，通过技术分析后确定。

1.0.4 直膨式太阳能热泵热水系统应用除应符合本标准外，尚应符合国家、行业和本市现行有关标准的规定。

2 术语和符号

2.1 术 语

2.1.1 直膨式太阳能热泵系统 direct expansion solar heat pump system

以太阳能集热器作为电驱动蒸汽压缩热泵循环蒸发器，循环工质直接在太阳能集热/蒸发器内吸热膨胀蒸发的热泵系统。

2.1.2 直膨式太阳能热泵热水系统 direct expansion solar heat pump water heating system

以直膨式太阳能热泵、集热水箱（罐）为主要部件的热水系统，可利用太阳辐射热能及空气热能制取热水。

2.1.3 太阳能集热/蒸发器（简称"集热/蒸发器"） solar-collector/evaporator

直膨式太阳能热泵将太阳能集热器和热泵蒸发器组合成一个部件，热泵循环工质直接在集热/蒸发器内吸热并蒸发从液态变为气态。

2.1.4 膨胀阀 expansion valve

对热泵循环工质起到节流降压作用，并能调节进入集热/蒸发器的工质流量的部件

2.1.5 冷凝器 condenser

冷却经压缩机压缩后的高温热泵循环工质蒸汽并使之液化的换热器。

2.1.6 集热水箱（罐） heat storage tank

用于收集冷凝器释放的热能并储存热水的装置。

2.1.7 供热水箱（罐） hot water supply tank

用于向用户供应热水的装置。

2.1.8 直膨式太阳能热泵热水系统性能系数(COP) (简称“性能系数”) coefficient of performance of direct expansion solar heat pump water heating system

额定工况条件下，直膨式太阳能热泵热水系统的制热功率与其运行时消耗电功率之比。

2.1.9 直膨式太阳能热泵热水系统得热因子(简称“得热因子”) heat gain factor of direct expansion solar heat pump water heating system

给定时间内，直膨式太阳能热泵集热水箱(罐)得热量与直膨式太阳能热泵集热/蒸发器接收到的太阳辐射量之比。

2.1.10 集热/蒸发器集热效率(简称“集热效率”) solar thermal efficiency of solar-collector/ evaporator

给定时间内，直膨式太阳能热泵集热/蒸发器吸收太阳能的集热量与直膨式太阳能热泵集热/蒸发器接收到的太阳辐射量之比。

2.1.11 轮廓采光面积 contour aperture area

太阳光投射到集热器的最大有效面积。

2.1.12 涂层吸收比 solar absorptance of coat

选择性吸收涂层单位面积吸收的太阳辐射量与入射的太阳辐射量之比。

2.2 符　号

2.2.1 环境参数

H——太阳辐照量[MJ/(m^2·d)]；

I_{pj}——年平均太阳辐照度(W/m^2)；

I_t——测试工况下的太阳辐照度(W/m^2)；

t_a——测试条件下的环境温度(℃)；

v_{air}——测试条件下的空气风速(m/s)。

2.2.2 热泵参数

A_d——单片集热/蒸发器的面积(m^2/片)；

A_s——集热/蒸发器的设计安装面积(m^2)；

COP_i——处在不同工况条件下的系统性能系数(无量纲)；

COP_s——系统性能系数(无量纲)；

COP_y——年平均系统性能系数(无量纲)；

G——膨胀阀名义流量(kg/s)；

P_{am}——集热/蒸发器与环境的换热功率(W)；

P_{com}——压缩机的运行功率(W)；

$P_{C,Z}$——压缩机的设计选配功率(W)；

P_s——水箱的得热功率(W)；

P_{si}——系统瞬时制热功率(W)；

$\widetilde{P}_s$——系统平均制热功率(W)；

P_{total}——集热/蒸发器的总集热功率(W)；

P_Z——集热/蒸发器集热功率(W)；

Q_{con}——冷凝器总换热量(W)；

Q_s——系统制热量(MJ)；

Q_V——膨胀阀名义换热量(kW)；

S_{con}——冷凝器的冷凝面积(m^2)；

T_d——系统设计每日工作时间(h/d)；

ΔT ——运行时间(s)；

ΔT_i ——系统瞬时制热功率下对应的运行时间(s)；

W_s ——系统总电耗(kW・h)；

h_1 ——进入膨胀阀的热泵循环工质的比焓值(kJ/kg)；

h_2 ——出集热/蒸发器的热泵循环工质的比焓值(kJ/kg)；

h_{cv} ——集热/蒸发器上下表面的对流换热系数[W/(m^2・K)]；

k ——冷凝器传热系数[W/(m^2・℃)]；

n ——集热/蒸发器的数量(片)；

q_{rj} ——集热/蒸发器单位面积平均每日产热水量[L/(m^2・d)]；

Δt ——冷凝器进口端流体与冷凝器出口端流体的对数平均温差(℃)；

x_i ——全年中处在不同工况条件下的天数(d)；

β ——集热/蒸发器的得热因子系数(无量纲)；

ε ——集热/蒸发器的实际得热因子(无量纲)；

ε' ——集热/蒸发器的设计得热因子(无量纲)；

ε_i ——处在不同工况条件下的得热因子(无量纲)；

ε_y ——年平均得热因子(无量纲)；

η_t ——测试工况下集热/蒸发器吸收太阳能的集热效率(无量纲)。

2.2.3 热水系统参数

C_P ——水的定压比热容[kJ/(kg・K)]；

N_h ——系统设计热水小时耗热量(MJ/ h)；

K ——安全系数(无量纲)；

V_c ——集热水箱(罐)的调节容积(L)；

V_s ——供热水箱(罐)的调节容积(L)；

m_w ——循环水质量流量(kg/s)；

n_w ——用水计算单位数(人)；

q_{rq} ——用户人均每日热水用量[L/(人・d)]；

$t_{in,ref}$ ——集热/蒸发器中热泵循环工质的进口温度(℃)；

$t_{out,ref}$——集热/蒸发器中热泵循环工质的出口温度(℃)；
$t_{w,in}$——集热水箱(罐)的进口温度(℃)；
$t_{w,out}$——集热水箱(罐)的出口温度(℃)；
ξ——设备污损系数(无量纲)。

3 基本规定

3.0.1 直膨式太阳能热泵热水系统的规划设计应符合现行国家标准《民用建筑太阳能热水系统应用技术标准》GB 50364 和现行上海市工程建设规范《太阳能热水系统应用技术规程》DG/TJ 08—2004A 的相关规定。

3.0.2 直膨式太阳能热泵热水系统建设应纳入建筑工程的统一规划，同步设计、同步施工和同步验收，与建筑工程同时投入使用。

3.0.3 直膨式太阳能热泵热水系统应采取防结露、防渗漏、防雷、抗雹、抗风、抗震及电气安全等技术措施，布置在室外或室内无供暖空间内的水管应采取防冻措施。

3.0.4 直膨式太阳能热泵热水系统的给水应符合现行国家标准《建筑给水排水设计标准》GB 50015、现行行业标准《生活热水水质标准》CJ/T 521 的相关规定，对原水的防垢、防腐处理，应根据水质、水量、水温、使用要求等因素经技术经济比较后综合确定。

3.0.5 直膨式太阳能热泵热水系统中的设备和部件，应符合国家、行业和本市现行相关产品标准的规定，并应有企业产品合格证和安装使用说明书。

3.0.6 直膨式太阳能热泵热水系统应按照本标准规定的测试方法进行系统性能测试，在设计中应预留测试所需仪表接口或安装测试仪表。

3.0.7 直膨式太阳能热泵热水系统应进行系统调试并通过工程验收，试运行合格后，方可移交用户。

4　安装位置设计与布置

4.1　一般规定

4.1.1　直膨式太阳能热泵热水系统设计应综合考虑场地条件、建筑功能、周围环境等因素，满足安装及维护的技术要求。直膨式太阳能热泵热水系统宜布置于平屋顶、坡屋顶、阳台、外墙等部位。

4.1.2　安装集热/蒸发器的位置应保证在冬至日 9:00 至 15:00 之间的全采光面的日照有效时间不低于 4 h，标称轮廓采光面积与实测轮廓采光面积的偏差应在±3%以内。

4.1.3　太阳能集热/蒸发器安装位置应结合建筑造型、立面设计合理布置，应与建筑外观相协调且不对建筑使用功能和其他建筑设备的正常运行造成不利影响。

4.1.4　太阳能集热/蒸发器宜结合建筑构件一体化设计，并满足建筑结构安全和耐久性要求，直膨式太阳能热泵热水系统的建筑一体化设计应符合现行上海市工程建设规范《太阳能热水系统应用技术规程》DG/TJ 08—2004A 的相关规定。

4.2　建筑设计

4.2.1　直膨式太阳能热泵热水系统机组在室外布置时，应满足良好的日照条件、通风条件。应结合具体环境条件，确定系统布置的最佳方位角和最佳倾角。

4.2.2　集热/蒸发器和热泵室外机组布置在外墙、阳台、屋顶等位置时，不应破坏其所在位置的保温、隔热、防水构造，应做好有组织排水，并应满足系统检修的要求。

4.2.3 设置集热/蒸发器墙面应符合下列规定：

1 设置在外墙上的集热/蒸发器应与结构受力构件连接，应采取措施避免安装部位对外墙产生不利影响。

2 既有建筑加装直膨式太阳能热泵热水系统时，不应在结构柱、梁等主要结构件上开设穿墙孔洞。

4.2.4 设置系统机组时，系统安装应牢固、可靠，且应方便易损件更换，压缩机的安装应采取防振减噪技术措施。

4.2.5 室外机组安装部位应采取避免其零部件损坏坠落伤人的安全防护措施。

4.3 结构设计

4.3.1 安装直膨式太阳能热泵热水系统的建筑物，其主体结构或相关的结构受力构件，应考虑承受太阳能集热/蒸发器、水箱（罐）等的荷载和作用。

4.3.2 直膨式太阳能热泵热水系统作用于结构或相关结构构件上的荷载和作用应包括下列各项内容：

1 抗震设计中的水平地震作用。

2 太阳能集热/蒸发器应考虑安装和检修荷载、自身荷载和风荷载。安装和检修的荷载可按实际情况取值，但不应小于 1.5 kN。

4.3.3 结构设计应考虑直膨式太阳能热泵热水系统的连接措施，应与建筑主体结构统一设计、施工，并确保连接可靠；其连接件及其与建筑主体结构的连接应进行极限状态设计，满足相应的承载能力极限状态计算和正常使用极限状态验算的要求。连接件与主体结构的锚固承载力设计值应大于连接件本身的承载力设计值。如设置室外设备平台，承载能力不应低于室外机组自重的 4 倍。

4.3.4 安装热水系统的预埋件应在施工图文件中明确其规格尺寸及性能参数。

4.3.5 热水系统与主体结构连接采用后置锚栓时，后置锚栓应符合现行上海市工程建设规范《太阳能热水系统应用技术规程》DG/TJ 08—2004A 的相关规定。

4.3.6 集热/蒸发器支架应有足够的刚度、强度及一定的防腐蚀能力，热水系统的抗风性及雷电保护应符合现行国家标准《家用太阳能热水系统技术条件》GB/T 19141 及《建筑结构荷载规范》GB 50009 的规定。

4.4 电气设计

4.4.1 直膨式太阳能热泵热水系统的电气规划设计应满足系统用电最大输入负荷；热水系统的热泵运行时，电气安全应符合现行国家标准《家用和类似用途电器的安全热泵、空调器和除湿机的特殊要求》GB 4706.32 的规定。

4.4.2 直膨式太阳能热泵热水系统中所使用的电气设备应有剩余电流保护、接地和断电等安全措施。其剩余动作电流不得超过 30 mA。电磁兼容应符合现行国家标准《家用电器、电动工具和类似器具的电磁兼容要求 第1部分：发射》GB 4343.1 和《电磁兼容限值谐波电流发射限值（设备每相输入电流≤16 A）》GB 17625.1 的相关规定。

4.4.3 直膨式太阳能热泵热水系统电气控制线路及配电线路敷设应符合现行国家标准《电气装置安装工程 电缆线路施工及验收标准》GB 50168 的规定。

4.4.4 直膨式太阳能热泵热水系统（包括钢结构支架）必须设置防雷保护措施；既有建筑上增设或改造系统时，可利用既有建筑的防雷接地装置，但应对原有接地装置进行电阻测试，未达到设计要求的，必须增补接地安全装置。

4.4.5 设置在屋面的太阳能集热/蒸发器和其他部件装置应设置防直击雷、防雷击电磁脉冲、防闪电电涌侵入、防闪电感应装置。

5 设计与选型

5.1 一般规定

5.1.1 直膨式太阳能热泵热水系统应综合考虑热源与热水供应，设计部件应适宜上海地区的环境条件，满足用户热水需求。生活热水负荷计算应符合现行国家标准《建筑给水排水设计标准》GB 50015 及《民用建筑节水设计标准》GB 50555 的有关规定。

5.1.2 直膨式太阳能热泵热水系统的设计应遵循因地制宜、安全高效以及与建筑一体化设计、施工、调试的原则，根据建筑物类型、使用功能、用能需求、安装条件、上海市的地理位置、气候条件、太阳能资源等因素综合确定，应符合现行国家标准《太阳能热水系统设计、安装及工程验收技术规范》GB/T 18713 的相关规定。

5.1.3 直膨式太阳能热泵热水系统的设计应充分考虑系统安装和维护需求，应预留安装和检修操作空间。

5.1.4 直膨式太阳能热泵热水系统的形式及运行方式应根据用户基本条件、使用需求、自然条件以及集热/蒸发器、压缩机和集热水箱（罐）等主要部件安装位置等因素综合加以确定。

5.1.5 直膨式太阳能热泵热水系统依据集热水箱（罐）容量区分为家用型或商用型，集热水箱（罐）容量不大于 600 L 的直膨式太阳能热泵热水系统为家用型；集热水箱（罐）容量大于 600 L 的直膨式太阳能热泵热水系统为商用型。

5.1.6 直膨式太阳能热泵热水系统相关设备应符合国家现行标准和设计的要求。生活饮用水输配水设备、防护材料及与饮用水接触的水处理材料的设计及选用应符合现行国家标准《生活饮用水输配水设备及防护材料卫生安全评价规范》GB/T 17219 的相关规定。

5.1.7 直膨式太阳能热泵热水系统的热泵循环工质管道设计应符合现行上海市工程建设规范《太阳能热水系统应用技术规程》DG/TJ 08—2004A 的相关规定；热水管道设计应符合现行国家标准《建筑给水排水设计标准》GB 50015 的相关规定。

5.1.8 直膨式太阳能热泵热水系统的热泵循环工质管路应尽量平直铺设，减少弯头，集热水箱（罐）宜靠近用水点设置。对于集中式系统，直膨式太阳能热泵室外机组与集热/蒸发器之间的连接管路的距离宜不大于 6 m；对于分布式系统，直膨式太阳能热泵室外机组与集热/蒸发器之间的连接管路的距离宜不大于 30 m。

5.1.9 直膨式太阳能热泵热水系统的设备与管道应采取保温措施。管路保温设计、选用保温材料的性能及保温层厚度应符合现行国家标准《设备及管道绝热设计导则》GB/T 8175 及现行上海市工程建设规范《太阳能与空气源热泵热水系统应用技术标准》DG/TJ 08—2316 的相关规定。

5.2 机组设计要求

5.2.1 直膨式太阳能热泵热水系统的集热/蒸发器应符合现行上海市工程建设规范《太阳能热水系统应用技术规程》DG/TJ 08—2004A 的相关规定。集热/蒸发器表面涂层吸收比应大于 90%。

5.2.2 直膨式太阳能热泵热水系统应满足上海市冬季正常运行的要求，保证在－10℃环境条件下热水能稳定供应，系统供水温度应达到 55℃；如未达到 55℃，应采用灭菌消毒措施。

5.2.3 直膨式太阳能热泵热水系统机组名义工况下的性能参数应符合表 5.2.3 的规定。

表 5.2.3　直膨式太阳能热泵热水系统热泵机组的性能参数

参数名称	冬季制热名义工况	夏季制热名义工况
室外计算温度(℃)	−10	30
太阳辐照度(W/m^2)	500	700
风速(m/s)	<4	<4
供热温度(℃)	55	55
机组名义 *COP*	≥3.2	≥6.0

5.2.4　直膨式太阳能热泵热水系统机组应明示集热/蒸发器配置面积、制热名义工况下的机组 *COP* 和供水温度。

5.2.5　直膨式太阳能热泵热水系统热泵机组的设计容量宜按下列步骤进行确定：

1　根据系统设计热水小时耗热量和系统性能系数，确定集热/蒸发器设计集热功率。

$$P_Z = \frac{10^{-6}}{3\,600} N_h \left(1 - \frac{1}{COP_y}\right) \qquad (5.2.5\text{-}1)$$

式中：P_Z ——集热/蒸发器设计集热功率(W)；

N_h ——系统设计热水平均小时耗热量(MJ/ h)；

COP_y ——年平均直膨式太阳能热泵热水系统的性能系数(无量纲)。

2　根据上海地区年平均太阳辐照强度及集热/蒸发器的集热效率确定集热/蒸发器的设计安装面积。

$$A_s = \frac{P_Z}{I_{pj}\varepsilon} \qquad (5.2.5\text{-}2)$$

式中：A_s ——集热/蒸发器的设计安装面积(m^2)；

I_{pj} ——上海地区集热/蒸发器安装表面年平均太阳辐照度(W/m^2)；

ε ——集热/蒸发器的实际得热因子(无量纲)。

由于受到表面涂层、积尘的影响，集热/蒸发器的实际得热因子可能与理想得热因子存在偏差，一般有下列关系：

$$\varepsilon = \beta \times \varepsilon' \tag{5.2.5-3}$$

式中：β ——集热/蒸发器的得热因子系数（无量纲）；

ε' ——集热/蒸发器的理想得热因子（无量纲）。

5.2.6 确定热泵机组容量后，根据机组的集热/蒸发器配置面积计算集热/蒸发器安装数量，并结合集热/蒸发器可安装场地面积、安装倾角、安装朝向等因素调整集热/蒸发器最终安装数量及形式。

5.2.7 直膨式太阳能热泵热水系统的压缩机的设计选配功率宜按下式进行确定：

$$P_{\mathrm{C,Z}} = \frac{P_{\mathrm{Z}}}{COP_{\mathrm{y}} - 1} \tag{5.2.7}$$

式中：$P_{\mathrm{C,Z}}$ ——压缩机的设计选配功率（W）。

5.2.8 直膨式太阳能热泵热水系统的膨胀阀宜选用直动型电子膨胀阀。膨胀阀设计选型宜按照系统配置结合相应产品技术参数进行选配，可按照下式大致验证是否适配：

$$Q_{\mathrm{V}} = G(h_2 - h_1) \tag{5.2.8}$$

式中：Q_{V} ——膨胀阀名义换热量（kW）；

G ——膨胀阀名义流量（kg/s）；

h_1 ——进入膨胀阀的热泵循环工质的比焓值（kJ/kg）；

h_2 ——出集热/蒸发器的热泵循环工质的比焓值（kJ/kg）。

5.2.9 直膨式太阳能热泵热水系统的冷凝器，其冷凝面积宜按下式进行计算：

$$S_{\mathrm{con}} = \frac{Q_{\mathrm{con}}}{\xi k \Delta t} \tag{5.2.9}$$

式中：S_{con} ——冷凝器的冷凝面积（m^2）；

Q_{con} ——冷凝器总换热量(W)；
ξ ——设备污损系数(无量纲)，一般取 0.8～0.9；
k ——冷凝器传热系数[W/(m^2·℃)]；
Δt ——冷凝器进口端流体与冷凝器出口端热泵循环工质的对数平均温差(℃)。

5.3 水箱(罐)及输配系统设计要求

5.3.1 直膨式太阳能热泵热水系统的水箱(罐)设计应根据建筑生活热水需求，结合系统供热能力，充分考虑技术性、经济性、节能性、可靠性、安全性。

5.3.2 直膨式太阳能热泵热水系统的集热水箱(罐)应以日为单位计算调节容积。集热水箱(罐)与供热水箱(罐)宜分开设置，串联连接。

5.3.3 集热水箱(罐)的调节容积宜根据现行上海市工程建设规范《太阳能热水系统应用技术规程》DG/TJ 08—2004A 的相关规定进行确定，可按下式进行计算：

$$V_c = q_{rj} \times A_s \tag{5.3.3}$$

式中：V_c ——集热水箱(罐)的调节容积(L)；
q_{rj} ——集热/蒸发器单位面积平均每日产热水量[L/(m^2·d)]；
A_s ——集热/蒸发器的设计安装面积(m^2)。

5.3.4 供热水箱(罐)的调节容积宜根据现行上海市工程建设规范《太阳能与空气源热泵热水系统应用技术标准》DG/TJ 08—2316 进行确定，可按下式进行计算：

$$V_s = q_{rq} \times K \times n_w \times \left(1 - \frac{T_d}{24}\right) \tag{5.3.4}$$

式中：V_s ——供热水箱(罐)的调节容积(L)；
q_{rq} ——用户人均每日热水用量[L/(人·d)]；

K ——安全系数(无量纲);

n_w ——用水计算单位数(人);

T_d ——系统设计每日工作时间(h/d)。

5.3.5 开式水箱(罐)的箱体内胆材料宜采用 18Cr-8Ni 及以上牌号的不锈钢,外层宜采用 17Cr-4,5Ni-6Mn-N 或 18Cr-8Ni 不锈钢;闭式水箱(罐)的箱体内胆材料宜采用碳钢搪瓷或不锈钢,箱(罐)体宜采用 18Cr-8Ni 及以上牌号的不锈钢。

5.3.6 直膨式太阳能热泵热水系统的循环泵的扬程和流量设计应符合现行上海市工程建设规范《太阳能热水系统应用技术规程》DG/TJ 08—2004A 的相关规定。循环泵应采用低噪声机组并有防噪措施,其进水管路应尽量减少弯头的使用,循环泵进水口与弯头的距离不应小于进水口直径的 5 倍。循环泵的进水管上应设过滤器、阀门、压力表,出水管上应设阀门、止回阀及压力表。

5.3.7 直膨式太阳能热泵热水系统的热泵循环工质管道系统应设置膨胀罐、安全阀和压力表。热泵循环工质管道及配件应选用连接方便、可靠的管材并保证耐热性、耐压性及耐腐蚀性的要求。热泵循环工质管道应根据实际情况进行相应同程设计,当集热/蒸发器为多排或多层组合时,每排或每层集热/蒸发器总进出管道上均应设置阀门。

5.3.8 直膨式太阳能热泵热水系统的热水供应管道设计应符合现行国家标准《建筑给水排水设计标准》GB 50015 的相关规定,热水管道应避免跨越变形缝。住宅建筑热水系统管道穿越起居室时应采用金属或塑料套管或采取其他有效措施,防止管道渗漏影响用户,同时便于管道维修。

5.4 系统保温设计要求

5.4.1 直膨式太阳能热泵热水系统的设备与管道应采取保温

措施。

5.4.2 直膨式太阳能热泵热水系统保温应满足下列要求：

1 选用保温材料的耐火性、吸水率、吸湿率、热膨胀系数、收缩率、抗折强度、耐蚀性等性能应满足国家现行相关标准要求。

2 选用保温材料制品的允许使用温度应高于正常操作时的介质最高温度。

3 相同温度范围内有不同保温材料可供选择时，应选用导热系数小、密度小、造价低、易于施工的材料制品。

4 选用复合保温材料应满足在高温条件下的使用要求。

5 选用保温材料的散热损失不应超过现行国家标准《设备及管道绝热技术通则》GB/T 4272 中所规定的最大热损值。

6 选用保温材料的保温层厚度应经计算确定，并应符合现行国家标准《设备及管道绝热设计导则》GB/T 8175、现行上海市工程建设规范《公共建筑节能设计标准》DGJ 08—107 和《居住建筑节能设计标准》DGJ 108—205 的相关规定中对设备、管道最小保温厚度的要求。

7 室外管道敷设的保温材料外层宜包裹铝皮。

5.4.3 直膨式太阳能热泵热水系统的水箱(罐)的保温设计应按现行国家标准《设备及管道绝热设计导则》GB/T 8175 的规定进行。热水储存性能的试验方法宜按现行国家标准《家用和类似用途热泵热水器》GB/T 23137 和《商业或工业用及类似用途的热泵热水机》GB/T 21362 的规定进行。

5.4.4 名义容量小于等于 600 L 的水箱(罐)的保温性能应满足 13 h 内水箱(罐)内的水温下降不超过 6℃的要求；名义容量大于 600 L 的水箱(罐)的保温性能应满足 13 h 内水箱(罐)内的水温下降不超过 5℃的要求。

5.5 控制与监测系统设计要求

5.5.1 新建建筑中，直膨式太阳能热泵热水系统的电气控制线路应与建筑物的电气管线同步设计，所使用的电气设备应装设短路保护和接地故障保护装置。既有建筑加装热水系统时，电气系统的设计改造应满足现行国家标准《民用建筑电气设计标准》GB 51348 的相关规定。

5.5.2 直膨式太阳能热泵热水系统的控制与监测系统应能通过通信接口与主要控制设备装置进行双向通信，应能对主要设备进行正常运行工况的实时监测和异常工况的报警，应能根据环境及负荷变化调整运行工况。

5.5.3 直膨式太阳能热泵热水系统的控制与监测系统宜具备下列智能化管理功能：

1 显示热泵的工作状况，记录及保存太阳辐照度、环境温度、风速等环境参数，实时监测集热/蒸发器进出口温度及压强、压缩机进出口温度及压强，控制热泵的启闭，并反馈信息。

2 显示水箱（罐）的热水温度，并反馈信息。

3 在非承压式系统中显示水箱（罐）的水位。

4 在集中热水供应系统中记录瞬间热水用水量、温度、压力及其变化曲线（用水量、温度及供水压力变化曲线图）。

5 水箱（罐）防冻、管路防冻等启闭，并反馈信息。

6 直膨式太阳能热泵热水系统可采用电脑 PLC 可编程控制器控制，配备远程 BA 楼宇自控系统接口。控制系统参数信息宜通过物联网系统上传至网络云平台，并可在合理授权的前提下由责任方进行远程检测、控制和检修。

5.5.4 直膨式太阳能热泵热水系统运行时，针对公共建筑的系统的用能监测应符合现行上海市工程建设规范《公共建筑用能监测系统工程技术标准》DGJ 08—2068 的相关规定。

5.5.5 直膨式太阳能热泵热水系统的防冻与防过热措施应符合现行上海市工程建设规范《太阳能热水系统应用技术规程》DG/TJ 08—2004A 的相关规定。

6 施工与验收

6.1 一般规定

6.1.1 直膨式太阳能热泵热水系统的安装应符合设计要求。施工前,应根据设计文件和相应技术标准要求编制针对直膨式太阳能热泵热水系统的专项施工方案,并对施工人员进行专业技术培训。

6.1.2 直膨式太阳能热泵热水系统的施工应按照专项施工方案进行。新建建筑中直膨式太阳能热泵热水系统的安装宜纳入建筑设备安装施工组织设计,并应包括主体结构施工、设备安装方案及安全措施等内容。改建以及既有建筑中增设直膨式太阳能热泵热水系统的安装应单独编制施工方案。

6.1.3 进场安装的直膨式太阳能热泵热水系统的产品、配件、材料及其性能、外观、色彩等应符合设计要求,且应有产品合格证以及产品型式检验报告。应按规格、数量、质量要求经过验收复核后方能入库,并由专人保管,严禁露天堆放。

6.1.4 直膨式太阳能热泵热水系统安装前应符合下列要求:

1 施工图设计文件齐备。

2 施工方案已经完备。

3 施工场地符合施工组织设计要求。

4 现场水、电、场地、道路等条件能满足正常施工需要。

5 预留基座、孔洞、预埋件、设施符合设计图纸要求。

6.1.5 直膨式太阳能热泵热水系统安装不应损坏建筑物的结构,不应影响建筑物在设计使用年限内承受各种荷载的能力,确保结构安全。

6.1.6 直膨式太阳能热泵热水系统施工时,应对建筑屋面防水层及附属设施和已完成工程的部位采取保护措施。在系统供水侧最低处应安装泄水装置,安装地点应设置排水地漏。

6.1.7 直膨式太阳能热泵热水系统的施工质量管理与施工质量验收除应遵守本标准外,尚应遵守现行国家标准《建筑节能工程施工质量验收标准》GB 50411、现行上海市工程建设规范《建筑节能工程施工质量验收规程》DGJ 08—113 等各专业工程施工质量验收规范和国家及本市现行有关标准的规定。

6.2 系统施工

6.2.1 直膨式太阳能热泵热水系统基座与支架的施工应符合下列要求:

1 太阳能集热/蒸发器与热泵室外机等主要部件的基座应与建筑主体结构连接牢固并应满足设计强度要求。基座应具有足够的承载能力,承载力不应低于热泵主机和水箱(罐)溢流状态的额定总重量。在屋面结构层上进行的施工,应符合现行国家标准《屋面工程质量验收规范》GB 50207 的规定。

2 基座宜设置在承重构件上,且应摆放平稳、整齐,不得破坏屋面防水层并做好防水处理。基座倾斜度不应大于 5%,其高度不得小于 150 mm。

3 预埋件应在结构层施工时同步埋入,位置应准确且与支撑固定点相对应。预埋件与基座之间的空隙,应用细石混凝土填捣密实。

4 钢基座及混凝土基座顶面的预埋件,在直膨式太阳能热泵热水系统安装前应涂防腐涂料进行防腐处理。防腐施工应符合现行国家标准《建筑防腐蚀工程施工规范》GB 50212 和《建筑防腐蚀工程施工质量验收标准》GB/T 50224 的规定。

5 直膨式太阳能热泵热水系统的支架应符合设计要求。

支架应按设计要求安装在主体结构上，位置准确，前后排支架之间应相互连接成为一个整体，最前排和最后排支架应与主体结构固定牢靠，并采取防风措施，支架整体抗风能力应符合现行国家标准《建筑结构荷载规范》GB 50009 的相关规定及建筑设计要求。

6 支撑直膨式太阳能热泵热水系统的钢结构支架应与建筑物接地系统可靠连接。其焊接应符合现行国家标准《钢结构工程施工质量验收标准》GB 50205 的规定，焊缝应外形均匀，焊道与焊道、焊道与钢材过渡平滑，焊渣和飞溅物应清除干净。焊接完毕后应进行防腐处理。防腐施工应符合现行国家标准《建筑防腐蚀工程施工规范》GB 50212 和《建筑防腐蚀工程施工质量验收标准》GB/T 50224 的规定。

6.2.2 直膨式太阳能热泵热水系统主体结构的施工应符合下列要求：

1 集热/蒸发器安装倾角、定位、方位角、排间距应符合设计要求。安装倾角误差为±3°。集热/蒸发器应与主体结构或集热/蒸发器支架固定。集热/蒸发器在配置时应考虑水力平衡，集热/蒸发器阵列与机组主体最远安装距离不宜超过 80 m。

2 主机底部应安装减振装置，防止压缩机等部件引起的振动。热水系统运转时，不应有异常噪声和振动，管路与零部件之间不应有相互摩擦和碰撞。机组进水口应安装 Y 形过滤器。不锈钢水箱（罐）与碳钢基座之间应垫入不含氯离子的塑料或橡胶垫片。

3 集热水箱（罐）的材质、规格应符合设计要求。如采用不锈钢水箱（罐），必须做好保温处理；如不采用不锈钢水箱（罐），则水箱（罐）内外壁均应按要求进行防腐处理，并应能承受所贮存热水的最高温度。水箱（罐）的内箱应做接地处理，接地应符合现行国家标准《电气装置安装工程 接地装置施工及验收规范》GB 50169 的规定。水箱（罐）应进行检漏试验，试验方法应符合设计要求和本标准第 6.2.4 条的规定。

4 集热水箱(罐)应设置人孔,且应有防止雨水流入措施。当水箱高度超过 2.4 m 时,内、外侧宜设置人梯。

5 系统之间的连接件应便于拆卸和更换。连接处应密封可靠,无泄漏、无扭曲变形。连接完毕应进行检漏试验,试验方法应符合设计要求和本标准第 6.2.4 条的规定。

6 系统之间的连接部位应在检漏试验合格后做好保温措施,防止热量损失和冷凝水的形成。保温材料及施工方式应符合现行国家标准《建筑给水排水及采暖工程施工质量验收规范》GB 50242 的规定。

6.2.3 直膨式太阳能热泵热水系统管道及附件的施工应符合下列要求:

1 直膨式太阳能热泵热水系统的管道需穿过屋面时,应在屋面预埋套管,并对其与屋面相接处进行防水密封处理。对既有建筑中增设直膨式太阳能热泵热水系统,防水套管应在屋面防水层施工前埋设完毕。直线段过长的管路应按设计要求设置补偿器。

2 热水管道系统应有补偿管道热胀冷缩的措施。热水横管的敷设坡度不宜小于 0.3%。

3 电磁阀宜阀体水平,线圈垂直向上安装,保持管路流动方向与电磁阀允许通过方向一致。阀前应设细网过滤器,阀后应设置调压作用的截止阀。为了便于管道冲洗及电磁阀的检修、维护,应安装旁路装置。

4 管道支架、托架及吊架的设置应符合现行国家标准《建筑机电工程抗震设计规范》GB 50981 的相关规定。

5 管路应根据需要采取保温措施,保温材料及施工方法应符合现行国家标准《建筑给水排水设计标准》GB 50015 的相关规定。

6.2.4 直膨式太阳能热泵热水系统安装完毕,在设备和管道保温施工前，应对承压水管路进行水压试验，非承压水管路进行灌水试验。试验应符合下列要求：

1 各种承压管道系统和设备应进行水压试验，试验压力应符合设计要求。当设计未注明时，水压试验应按现行国家标准《建筑给水排水及采暖工程施工质量验收规范》GB 50242 的相关要求进行。

2 当在环境温度低于 0℃下进行水压试验时，应有可靠的防冻措施。系统水压试验合格后，应对系统进行冲洗，直至排出的水不浑浊、无杂质为止；应将过滤器内的杂质清除，并进行消毒。

6.2.5 直膨式太阳能热泵热水系统安装完毕，在设备和管道保温施工前，应对工质管路进行系统吹污、气密性检查、抽真空检查，应符合下列要求：

1 系统吹污：吹污前应选择在系统的最低点设排污口，用压力为 0.5 MPa～0.6 MPa 的干燥空气进行吹扫，如系统较长，可采用多个排污口进行分段排污。当用白布检查吹出的气体无污垢时，视为合格。

2 气密性检查：系统吹污后，应对整个系统（包括设备、阀件）进行气密性检查。采用瓶装压缩氮气进行试压，建议通过肥皂水对系统所有焊口、阀门等连接部件进行仔细涂抹检漏。建议保持管内压力为 2.0 MPa，经稳压 24 h 后在无额外的加热或冷却措施的条件下观察压力值，用 1×10^{-6} Pa · m^3/s 的检漏仪进行检验，不出现压力降为合格。如试压过程中发现泄漏，必须在泄压后进行检修，不得带压修补。修补完成后应重新进行气密性检查，并对所有焊点、连接处等进行检漏、系统保压等操作。

3 抽真空检查：在气密性检查合格后，采用真空泵将系统抽至剩余压力小于 5 300 Pa，保持 24 h 系统升压不超过 660 Pa 视为合格。

6.2.6 直膨式太阳能热泵热水系统电力及控制系统的施工应符合下列要求：

1　电缆及信号线路施工应符合现行国家标准《电气装置安装工程 电缆线路施工及验收标准》GB 50168 的相关规定；电气设施的安装应符合现行国家标准《建筑电气工程施工质量验收规范》GB 50303 的相关规定。

2　所有电气设备的金属外壳及与其连接的金属部件、接闪器等连接时，应进行接地处理；电气接地装置的施工应符合现行国家标准《电气装置安装工程 接地装置施工及验收规范》GB 50169 的相关规定。

3　设置在屋面的太阳能集热/蒸发器及其他系统部件应按照现行国家标准《建筑物防雷设计规范》GB 50057 的规定进行防雷测试。

4　传感器的安装应与被测部位保持良好接触，温度传感器四周应进行良好的保温并做好标识。传感器控制线应做防水处理。

6.3　系统调试

6.3.1　系统安装完毕投入使用前，应进行系统调试。设备单机或部件调试合格后方可进行联动调试。

6.3.2　设备单机或部件调试合格应包括下列内容：

1　应检查压缩机运转情况，压缩机在设计负荷下连续运转 2 h，应保持正常运行。系统工质循环应达到产品的额定要求，电机电流和功率不应超过额定值。

2　应检查电磁阀安装方向，保持工质流向与标注方向一致。手动通断电试验时，电磁阀应开启正常，动作灵活，封闭严密。

3　测试仪表应显示正常，电气控制系统应达到设计要求，动作应准确可靠。

4　剩余电流保护装置动作应准确可靠。

5　防冻系统、超压保护等装置应工作正常。

6 各种阀门应启闭灵活、密封性好。

6.3.3 系统联动调试应包括下列主要内容：

1 应调整电磁阀控制阀门，使电磁阀的阀门前后压力处在设计要求的范围内。

2 测试和控制系统的仪表控制区间或控制点应符合设计要求。

3 应调整各分支回路的调节阀门，各回路流量应平衡。

6.3.4 系统联动调试完成后，应连续运行 72 h。设备及主要部件的联动应协调，动作正确，无异常现象。

6.4 工程验收

6.4.1 直膨式太阳能热泵热水系统的整体工程验收应符合下列规定：

1 系统验收应按基座与支架、直膨式太阳能热泵热水系统主体机组（包括集热/蒸发器、热泵主机及水箱（罐））、管道及电气及控制系统，进行分项工程验收和系统竣工验收，且应符合现行国家标准《民用建筑太阳能热水系统应用技术标准》GB 50364 的相关规定。

2 验收应做好记录，签署文件，并及时归档。

3 系统未经验收或验收不合格的，不得投入使用。

4 系统分项工程检验批质量验收应符合现行上海市工程建设规范《太阳能与空气源热泵热水系统应用技术标准》DG/TJ 08—2316 的相关规定，并按本标准附录 A 填写验收记录。

5 系统分项工程质量验收应符合现行上海市工程建设规范《太阳能与空气源热泵热水系统应用技术标准》DG/TJ 08—2316 的相关规定，并按本标准附录 B 填写验收记录。

6 系统工程质量验收应符合现行上海市工程建设规范《太阳能与空气源热泵热水系统应用技术标准》DG/TJ 08—2316 的

相关规定。

6.4.2 主控项目验收应符合下列规定：

1 系统基座应与建筑主体结构连接牢固且不得破坏屋面防水层、保温层。当采用后加锚栓连接时，应符合设计要求。

检验方法：现场核查设计图纸，目测或用手扳动连接锚栓，抽查材料质量证明文件及检测报告。

2 集热/蒸发器、热泵主机、水箱（罐）必须具有质量合格证明文件及出具有效期内第三方法定检验机构的型式检验合格报告，并应符合设计要求。直膨式太阳能热泵热水系统热泵主机的正常使用寿命不应少于10年。

检验方法：对照实物核查质量保证书、产品检验合格报告。

3 直膨式太阳能热泵热水系统连接完毕后应进行检漏试验，检漏试验应符合设计要求。

检验方法：现场对照设计图纸，现场试压检查。

4 集热/蒸发器应按照设计要求采取管路同程措施，集热/蒸发器流道内工质均匀性应符合设计要求。

检验方法：现场对照设计图纸，现场局部充注试验检测。

5 集热/蒸发器应按照设计要求采取防空晒和防过热的措施。

检验方法：现场对照设计图纸，观察检查。

6 水箱（罐）应按设计要求定位，并在基础上与底座固定牢靠。内外壁均应按设计要求做防腐处理。内壁防腐材料应卫生、无毒，且应能承受所贮存热水的最高温度。

检验方法：现场对照设计图纸和型式检验合格报告、通过目测或用手扳动连接部位进行观察及检查。

7 承压式集热水箱（罐）的额定压力应不小于0.6 MPa；非承压集热水箱（罐）的额定压力应不小于0.05 MPa。按现行国家标准《建筑给水排水设计标准》GB 50015的相关规定进行耐压试验后水系统不应有渗漏。

检验方法：现场对照设计要求，现场试压检查。

8 管道及附属材料必须具有质量合格证明文件及出具有效期内第三方法定检验机构的型式检验合格报告，并应符合设计要求。

检验方法：现场按图纸对照实物核查质量保证书、产品检验合格报告。

9 所有电气控制系统的验收应符合现行国家标准《建筑电气工程施工质量验收规范》GB 50303 的相关规定。

检验方法：现场对照设计图纸，观察检查。

10 电气接地装置的验收应符合现行国家标准《电气装置安装工程 接地装置施工及验收规范》GB 50169 的相关规定。

检验方法：现场对照设计图纸，观察检查。

11 电缆线路施工验收应符合现行国家标准《电气装置安装工程 电缆线路施工及验收标准》GB 50168 的相关规定。

检验方法：现场对照设计图纸，观察检查。

6.4.3 一般项目验收应符合下列规定：

1 在屋面结构层上现场施工的基座，完工后其底面应做防水加强处理，防水施工应符合设计要求。

检验方法：现场核查设计图纸，观察检查。

2 钢基座及混凝土基座顶面的预埋件，在系统安装前应涂防腐涂料。钢结构支架焊接完毕应做防腐处理。

检验方法：现场核查设计图纸，观察检查。

3 系统支架及其材料应符合设计要求。钢结构支架的焊接应符合设计和相关标准要求。

检验方法：现场核查设计图纸，观察检查。

4 支架应按设计要求安装在主体结构上，安装位置正确，与主体结构固定牢靠。

检验方法：现场核查设计图纸，观察检查。

5 支承系统的钢结构支架应与建筑物接地系统连接可靠。

检验方法：现场核查设计图纸、接地电阻测试记录，观察检查。

6 集热/蒸发器、热泵主机应与建筑主体结构或支架连接牢固，预埋式基座应符合设计规定，其预埋件应与结构层钢筋相连。

检验方法：现场对照设计图纸，目测或用手扳动连接支架。

7 直膨式太阳能热泵热水系统间连接应符合设计规定，且密封可靠，无泄漏，无变形。

检验方法：现场对照设计图纸，观察检查。

8 热泵主机安装位置应符合设计要求，且不得布置在建筑变形缝处。

检验方法：现场对照设计图纸，用分度仪及尺量检查，观察检查。

9 热泵机组及管道应设置减震设施。

检查方法：现场对照设计图纸。

10 连接管道的设计坡度应符合设计要求。

检验方法：现场对照设计图纸，尺量检查。

11 管道穿过变形缝敷设时，应采取保护措施，并符合设计要求。

检验方法：现场对照设计图纸，观察检查。

12 管道支、吊、排架的安装，应符合设计及相关标准的要求。

检验方法：现场对照设计图纸，用仪器和尺量检查。

13 阀门的强度和严密性试验应符合设计要求。

检验方法：按设计图纸要求现场核查阀门的强度及严密性试验报告。

14 电磁阀应水平安装，阀前应加装细网过滤器，阀后应加装调压作用明显的截止阀。

检验方法：现场对照设计图纸，用仪器和尺量检查。

15 供水泵、各类阀的安装方向应正确，不得反装，并应便于更换。

检验方法:现场对照设计图纸,观察检查。

16 传感器的接线、接线盒与套管之间的传感器屏蔽线应做2次防护处理,连接处两端应做防水处理,并均应符合相关标准要求。

检验方法:现场对照设计图纸和相关标准,观察检查。

17 压力表、温度计、温度传感器应安装在便于观察、操作的地方。

检验方法:现场对照设计图纸,观察检查。

18 温度传感器安装应符合设计和相关标准要求。

检验方法:现场对照设计图纸和相关标准,观察检查。

19 压力表安装应符合设计规定。取压点应选择在流动平稳的区域。仪表应垂直安装在易于观察且无显著振动的地方。

检查方法:现场对照设计图纸及产品说明,观察检查。

20 管道保温材料的材质及厚度应符合设计及相关标准的要求。

检验方法:现场对照设计图纸,做针刺法检查。

7 性能测试

7.1 一般规定

7.1.1 直膨式太阳能热泵热水系统的性能测试宜选择长期测试；不具备长期测试条件时，应在调试之后、验收之前进行短期测试。

7.1.2 单次测试试验条件应满足环境风速 $v_{air} \leqslant 4$ m/s，试验开始时集热水箱（罐）内的水温 $t_b = (20 \pm 1)$℃、终止水温 $t_f = 55$℃的要求。

1 试验结果具有的太阳辐照量 H 应至少分布在下列区间中的两个区间内：

1) $H < 8$ MJ/(m^2·d)；

2) 8 MJ/(m^2·d)$\leqslant H <$12 MJ/(m^2·d)；

3) 12 MJ/(m^2·d)$\leqslant H <$16 MJ/(m^2·d)；

4) 16 MJ/(m^2·d)$\leqslant H$。

2 试验结果具有的环境温度 t_a 应至少分布在下列区间中的两个区间内：

1) -10℃ $< t_a <$ 0℃；

2) 0℃ $< t_a <$ 10℃；

3) 10℃ $< t_a <$ 20℃；

4) 20℃ $< t_a <$ 30℃；

5) 30℃ $< t_a <$ 40℃。

7.1.3 长期测试周期不应少于 120 d，且应连续完成；应在每年春分（或秋分）前至少 60 d 开始，每年春分（或秋分）后至少 60 d 结束；测试期内的平均负荷率不应小于 30%。

7.1.4 短期测试周期不应少于4 d,试验条件应兼有不同的太阳辐照度及温度分布的情况,测试期内的平均负荷率不应小于50%。

7.1.5 直膨式太阳能热泵热水系统工程测试和评定抽样应符合下列规定:

1 应以同一小区或同一工程项目、同一施工单位、同一时间竣工的直膨式太阳能热泵热水系统工程为一个测试、评定批次。

2 集中供热水系统:以独立供热水系统为一个测试批次,抽样数即为批次数。

3 集中-分散供热水系统:以独立供热水系统为一个测试批次,抽样检测户(台)数宜按表7.1.5确定。

表7.1.5 建筑抽样测试户数确定表

序号	每幢总户(台)数	每幢抽样测试户(台)数(户/幢)或(台/幢)
1	2～25	2
2	26～50	3
3	>50	4

7.2 测试设备

7.2.1 总太阳辐照度采用总辐射表测量,总辐射表应满足现行国家标准《总辐射表》GB/T 19565的要求。

7.2.2 测量环境温度、水温的测试设备与要求应按现行上海市工程建设规范《太阳能与空气源热泵热水系统应用技术标准》DG/TJ 08—2316的规定执行。

7.2.3 质量流量测量的准确度应为±1.0%,计时测量的准确度应为±0.2%,长度测量的准确度应为±1.0%,功率测量的准确度应为±2.0%。

7.2.4 热量表的准确度应达到现行国家标准《热量表》GB/T 32224规定的2级。

7.3 测试方法

7.3.1 直膨式太阳能热泵热水系统测试时，应记录太阳辐照度、环境温度、环境风速、水箱（罐）温度、实测储水箱（罐）容量、加热时间、耗电量等参数。水箱（罐）温度取水箱（罐）上下部水温的平均值。

7.3.2 系统得热功率的测试方法应符合下列要求：

1 测试参数包括循环水的流量、水箱（罐）循环水出口温度、水箱（罐）循环水进口温度等，采样时间间隔不得大于 10 s。

2 系统得热功率可采用下式计算：

$$P_s = 10^3 \times C_p \times m_w \times (t_{w,out} - t_{w,in}) \tag{7.3.2}$$

式中：P_s ——水箱的得热功率（W）；

C_p ——水的定压比热容，取 4.2 kJ/(kg·K)；

m_w ——循环水质量流量（kg/s）；

$t_{w,out}$ ——水箱循环水的出口温度（℃）；

$t_{w,in}$ ——水箱循环水的进口温度（℃）。

7.3.3 集热/蒸发器吸收太阳能的集热效率的测试方法应按照下列规定进行：

1 集热/蒸发器上下表面的对流换热系数根据下式计算得出：

$$h_{cv} = 2.8 + 3 \times v_{air} \tag{7.3.3-1}$$

式中：h_{cv} ——集热/蒸发器表面的对流换热系数[W/(m²·K)]；

v_{air} ——测试条件下的风速（m/s）。

2 集热/蒸发器与环境的换热功率根据下式计算得出：

$$P_{am} = 2h_{cv}A_d n\left(t_a - \frac{t_{in,ref} + t_{out,ref}}{2}\right) \quad \text{（背部无遮挡）} \tag{7.3.3-2}$$

$$P_{am}=h_{cv}A_d n(t_a-\frac{t_{in,ref}+t_{out,ref}}{2})\quad（背部有遮挡）$$

（7.3.3-3）

式中：P_{am}——集热/蒸发器与环境的换热功率（W）；

A_d——单片集热/蒸发器的面积（m^2）；

n——集热/蒸发器的数量（片）；

t_a——测试条件下的环境温度（℃）；

$t_{in,ref}$——集热/蒸发器中热泵循环工质的进口温度（℃）；

$t_{out,ref}$——集热/蒸发器中热泵循环工质的出口温度（℃）。

3 集热/蒸发器的总集热功率根据下式计算得出：

$$P_{total}=P_s-P_{com}\quad（7.3.3-4）$$

式中：P_{total}——集热/蒸发器的总集热功率（W）；

P_{com}——压缩机的运行功率（W）。

4 集热/蒸发器吸收太阳能的集热功率根据下式计算得出：

$$P_Z=P_{total}-P_{am}\quad（7.3.3-5）$$

式中：P_Z——集热/蒸发器吸收太阳能的集热功率（W）。

5 测试工况下集热/蒸发器的集热效率根据下式计算得出：

$$\eta_t=\frac{P_Z}{I_t\times A_d\times n}\quad（7.3.3-6）$$

式中：η_t——测试工况下集热/蒸发器吸收太阳能的集热效率（无量纲）；

I_t——测试工况下的集热/蒸发器采光面积上的太阳辐照度（W/m^2）。

7.3.4 得热因子的测试方法应按照下列规定进行：

测试工况下得热因子根据下式计算得出：

$$\varepsilon=\frac{P_s}{I_t A_d n}\quad（7.3.4）$$

式中：ε ——测试工况下实际得热因子(无量纲)。

7.3.5 系统性能系数的测试方法应按照下列规定进行：

系统性能系数根据下式计算得出：

$$COP_s = \frac{Q_s}{3.6W_s} \tag{7.3.5-1}$$

式中：COP_s ——系统性能系数(无量纲)；

Q_s ——系统制热量(MJ)；

W_s ——系统总电耗(kW·h)。

其中，系统制热量根据下式计算得出：

$$Q_s = 10^{-6} \times \sum_{i=1}^{n} (P_{si} \times \Delta T_i) = 10^{-6} \times \widetilde{P_s} \times \Delta T \tag{7.3.5-2}$$

式中：P_{si} ——系统瞬时制热功率(W)；

ΔT_i ——系统瞬时制热功率下对应的运行时间(s)；

$\widetilde{P_s}$ ——系统平均制热功率(W)；

ΔT ——运行时间(s)。

8 运行与维护

8.1 一般规定

8.1.1 系统正式运行前应经过检测、验收，以确认直膨式太阳能热泵热水系统及各部件符合设计要求和国家现行相关标准的规定。

8.1.2 运行维护应定期对计量数据进行分析，关注系统节能性；发现仪表显示出现故障及系统运行失常，应及时组织检修。系统维护报告的格式和内容要求，可按照本标准附录C进行填写。

8.1.3 在系统运行条件下，应对受控设备、控制器、计量装置等进行监测，保证各部件及系统整体运行符合设计要求。

8.2 安全检查

8.2.1 应每年至少1次定期对直膨式太阳能热泵机组进行安全检查，包括检查热泵机组与基座和支架的连接，检查设备及管道工质泄漏情况；每年至少1次定期检查基座和支架的强度、锈蚀情况和损坏程度；每年至少1次定期检查确认系统机组的电源和电气系统接线牢固、电气元件动作正常。如有问题，应及时维修和更换。

8.2.2 应在冬季之前进行防冻保护措施的检查。

8.2.3 应对系统防雷设施进行定期检查。

8.3 机组的运行管理与维护

8.3.1 在使用过程中应监控集热/蒸发器温度变化，避免集热/

蒸发器发生长期空晒。

8.3.2 应每年至少1次定期清除集热/蒸发器表面灰垢及水箱(罐)内水垢,增强换热效果。

8.3.3 日常维护管理应符合下列规定:

1 集热/蒸发器应符合技术要求,无破损、污迹等故障出现。

2 保持系统管路外表面平整,无划痕、污染和其他缺陷。

3 设备及管道密封完好,热泵循环工质无泄漏。

4 及时发现、更换有裂痕、划伤或发黏、老化的密封件材料。

8.3.4 应对系统运行时各参数进行监控,及时发现可能存在的问题并采取相应措施。

8.3.5 机组周围禁止堆放杂物,机组周围应保持清洁干燥、通风良好。

8.4 自动控制系统的运行管理与维护

8.4.1 控制系统仪表指(显)示应正确,其误差应控制在允许范围内。控制系统供电电源应合适,执行元件应运行正常,系统启动运行时应正确送入设定值。

8.4.2 监测系统所取得的数据应定期存储备份、汇总分析。

8.4.3 应对变送器、重点传感器、调节器、执行器等重点元器件进行定期保养和维护。

附录A 直膨式太阳能热泵热水系统分项工程检验批质量验收记录

表A 直膨式太阳能热泵热水系统分项工程检验批质量验收记录

工程名称		分项工程名称		检验批/分项系统、部位	
施工单位		专业工长		项目经理	
施工执行标准名称及编号		系统供应商		系统集成商	
分包单位		分包项目经理		班组长	
验收规范规定			施工单位检查评定记录		监理(建设)单位验收记录
主控项目					
一般项目					
施工单位检查评定结果		项目专业质量检查员： (项目技术负责人)　　年　月　日			
监理(建设)单位验收结论		监理工程师： (建设单位项目专业技术负责人)　　年　月　日			

附录 B　直膨式太阳能热泵热水系统分项工程质量验收记录

表 B　直膨式太阳能热泵热水系统分项工程质量验收记录

<table>
<tr><td>工程名称</td><td colspan="2"></td><td>检验批数量</td><td></td><td></td></tr>
<tr><td>设计单位</td><td colspan="2"></td><td>监理单位</td><td></td><td></td></tr>
<tr><td>施工单位</td><td></td><td>项目经理</td><td></td><td>项目技术负责人</td><td></td></tr>
<tr><td>分包单位</td><td></td><td>分包单位
负责人</td><td></td><td>分包项目经历</td><td></td></tr>
<tr><td>序号</td><td colspan="2">检验批部位、
区段、系统</td><td>施工单位检
查评定结果</td><td colspan="2">监理（建设）单位验收结果</td></tr>
<tr><td></td><td colspan="2"></td><td></td><td colspan="2"></td></tr>
<tr><td></td><td colspan="2"></td><td></td><td colspan="2"></td></tr>
<tr><td></td><td colspan="2"></td><td></td><td colspan="2"></td></tr>
<tr><td></td><td colspan="2"></td><td></td><td colspan="2"></td></tr>
<tr><td>验收结论</td><td colspan="5"></td></tr>
<tr><td colspan="3">施工单位项目经理：

年　月　日</td><td colspan="3">监理工程师：
（建设单位项目专业技术负责人）

年　月　日</td></tr>
</table>

附录C　直膨式太阳能热泵热水系统巡检报告表

表C　直膨式太阳能热泵热水系统巡检报告表

<table>
<tr><td>工程名称</td><td></td><td>检测单位</td><td></td></tr>
<tr><td colspan="2">维护项目</td><td colspan="2">检测记录及意见</td></tr>
<tr><td rowspan="3">1）环境项目参数监控</td><td>① 太阳辐照量[MJ/（m^2·d）]</td><td></td><td></td></tr>
<tr><td>② 环境风速（m/s）</td><td></td><td></td></tr>
<tr><td>③ 环境温度（℃）</td><td></td><td></td></tr>
<tr><td rowspan="5">2）直膨式太阳能热泵系统性能检测</td><td>① 集热器进口温度（℃）</td><td></td><td></td></tr>
<tr><td>② 集热器出口温度（℃）</td><td></td><td></td></tr>
<tr><td>③ 热水侧进口水温（℃）</td><td></td><td></td></tr>
<tr><td>④ 热水侧出口水温（℃）</td><td></td><td></td></tr>
<tr><td>⑤ 压缩机功耗（W）</td><td></td><td></td></tr>
<tr><td colspan="2">3）温度传感器检查或更换</td><td></td><td></td></tr>
<tr><td colspan="2">4）流量计量装置检查</td><td></td><td></td></tr>
<tr><td colspan="2">5）电路检查</td><td></td><td></td></tr>
<tr><td>6）管道附件检查</td><td>① 阀门</td><td colspan="2"></td></tr>
<tr><td></td><td>② 压力表</td><td colspan="2"></td></tr>
<tr><td></td><td>③ 温控器</td><td colspan="2"></td></tr>
<tr><td></td><td>④ 温度计</td><td colspan="2"></td></tr>
<tr><td></td><td>⑤ 制冷剂循环管路</td><td colspan="2"></td></tr>
<tr><td colspan="2">7）管道、设备防水防漏检查</td><td></td><td></td></tr>
<tr><td colspan="2">8）保温检查</td><td></td><td></td></tr>
<tr><td>维护负责人</td><td>负责人：
年　月　日</td><td>检测人员</td><td>检测人：
年　月　日</td></tr>
</table>

本标准用词说明

1　执行本标准条文时，对于要求严格程度的用词说明如下，以便执行中区别对待。

1）表示很严格，非这样做不可的用词：
正面词采用“必须”；
反面词采用“严禁”。

2）表示很严格，在正常情况下均应这样做的用词：
正面词采用“应”；
反面词采用“不应”或“不得”。

3）表示允许稍有选择，在条件许可时首先应这样做的用词：
正面词采用“宜”；
反面词采用“不宜”。

4）表示有选择，在一定条件下可以这样做的用词，采用“可”。

2　条文中指明应按其他有关标准执行的写法为“应按……执行”或“符合……要求（或规定）”。

引用标准名录

1 《设备及管道绝热技术通则》GB/T 4272
2 《家用电器、电动工具和类似器具的电磁兼容要求 第1部分：发射》GB 4343.1
3 《家用和类似用途电器的安全 快热式热水器的特殊要求》GB 4706.11
4 《家用和类似用途电器的安全 储水式热水器的特殊要求》GB 4706.12
5 《家用和类似用途电器的安全 电动机-压缩机的特殊要求》GB 4706.17
6 《家用和类似用途电器的安全 热泵、空调器和除湿机的特殊要求》GB 4706.32
7 《设备及管道绝热设计导则》GB/T 8175
8 《电磁兼容 限值 谐波电流发射限值（设备每相输入电流≤16 A）》GB 17625.1
9 《太阳能热水系统设计、安装及工程验收技术规范》GB/T 50009
10 《家用太阳能热水系统技术条件》GB/T 19141
11 《总辐射表》GB/T 19565
12 《商业或工业用及类似用途的热泵热水机》GB/T 21362
13 《家用和类似用途热泵热水器》GB/T 23137
14 《家用空气源热泵辅助型太阳能热水系统技术条件》GB/T 23889
15 《热量表》GB/T 32224
16 《建筑结构荷载规范》GB 50009

17 《建筑抗震设计规范》GB 50011
18 《建筑给水排水设计标准》GB 50015
19 《建筑物防雷设计规范》GB 50057
20 《电气装置安装工程 电缆线路施工及验收标准》GB 50168
21 《电气装置安装工程 接地装置施工及验收规范》GB 50169
22 《钢结构工程施工质量验收标准》GB 50205
23 《屋面工程质量验收规范》GB 50207
24 《建筑防腐蚀工程施工规范》GB 50212
25 《建筑防腐蚀工程施工质量验收标准》GB/T 50224
26 《建筑给水排水及采暖工程施工质量验收规范》GB 50242
27 《建筑电气工程施工质量验收规范》GB 50303
28 《民用建筑太阳能热水系统应用技术标准》GB 50364
29 《建筑节能工程施工质量验收标准》GB 50411
30 《民用建筑节水设计标准》GB 50555
31 《民用建筑供暖通风与空气调节设计规范》GB 50736
32 《建筑机电工程抗震设计规范》GB 50981
33 《民用建筑电气设计标准》GB 51348
34 《生活热水水质标准》CJ/T 521
35 《家用和类似用途空调电子膨胀阀》JB/T 10386
36 《家用直膨式太阳能热泵热水系统技术条件》NB/T 10154
37 《家用直膨式太阳能热泵热水系统试验方法》NB/T 10155
38 《住宅设计标准》DGJ 08—20
39 《建筑节能工程施工质量验收规程》DGJ 08—113
40 《太阳能热水系统应用技术规程》DG/TJ 08—2004A
41 《公共建筑用能监测系统工程技术标准》DGJ 08—2068
42 《太阳能与空气源热泵热水系统应用技术标准》DG/TJ 08—2316

上海市工程建设规范

直膨式太阳能热泵热水系统应用技术标准

DG/TJ 08—2400—2022

J 16200—2022

条 文 说 明

2023　上海

目　次

Contents

1 总 则

1.0.1 根据《上海市城市总体规划(2017—2035)》,预计到2035年控制碳排放总量较峰值减少5%左右,新建建筑绿色建筑达标率100%。力争2030年前实现碳达峰、2060年前实现碳中和,这是党中央作出的重大战略决策,《上海市国民经济和社会发展第十四个五年规划和二〇三五年远景目标纲要》等相关文件明确提出了超低能耗建筑发展的目标要求,当前这一实施概念是国家战略和行业热点。直膨式太阳能热泵热水系统结合了太阳能集热与热泵原理,在保证供热效率的同时,比化石燃料、电制备热水更加节能环保,从现有本市的住宅示范案例来看,若仅采用燃气热水器作为生活热水的热源,则生活热水部分的碳排量约占超低能耗建筑总碳排量的50%,因此利用可再生能源及高效热泵作为生活热水热源,是实现超低能耗建筑和建筑碳减排的重要路径。且直膨式太阳能热泵热水系统适合于对安全要求高的高层阳台、屋顶以及空调封板等位置,拓展了太阳能安装应用范围,对于本市推动绿色低碳发展战略具有重要积极的意义。本标准旨在规范上海市建筑应用直膨式太阳能热泵热水系统的规划、设计、施工安装、质量验收及运行维护等,积极推广直膨式太阳能热泵热水系统在建筑中的应用。

1.0.2 本条规定了本标准的适用范围。根据目前民用建筑发展趋势预测,"十四五"期间本市新建民用建筑规模将超过2.5亿m^2,占比达到18%以上。针对居民生活热水需求,鼓励结合具体的场合,发展应用新型节能热水系统技术,直膨式太阳能热泵是重要选择之一。因此,应对新建、扩建和改建民用建筑中采用直膨式太阳能热泵热水系统的应用场景实施最新的应用技术标准要求。

改造既有建筑中已安装的直膨式太阳能热泵热水系统和在既有建筑中增设直膨式太阳能热泵热水系统，首先须通过结构复核或法定的房屋检测单位检测认可后，再由有资质的建筑设计、施工单位进行直膨式太阳能热泵热水系统的设计与安装。在技术和经济条件满足增设直膨式太阳能热泵热水系统的情况下，工业建筑也可以根据自身条件选用适当的直膨式太阳能热泵热水系统。

1.0.3 直膨式太阳能热泵热水系统是一种环境友好节能型热水系统，其在民用建筑中的设计在保证良好用户体验的同时必须符合节能等有关规定及规范要求。对于直膨式太阳能热泵热水系统的技术经济分析，可综合考虑初成本、运维成本、补贴、税率、折现率、折旧率、人工费用以及热水供应量等因素对系统经济性产生的影响，结合具体应用场景建立适用的技术性及经济性评价方法。

1.0.4 直膨式太阳能热泵热水系统由集热/蒸发器、水箱（罐）、管道、控制系统及热泵装置等构成。这些装置在材料、技术要求以及设计、安装、施工、验收、评价等方面，均有相应产品的国家标准，因此直膨式太阳能热泵热水系统产品应符合这些标准的要求。同时，该系统也涉及建筑、结构、给排水、电气等各个专业的协同配合，其设计、安装和验收涉及不同行业，各专业和行业均制定有相应的标准及技术要求。因此，在应用直膨式太阳能热泵热水系统时，除应符合本标准外，尚应符合国家、行业和本市现行有关标准的规定，尤其是强制性标准。

2 术语和符号

本标准中的术语和符号包括建筑工程、太阳能热利用和热泵技术三方面。为了使建筑设计人员和太阳能技术人员互相沟通、密切配合，加快直膨式太阳能热泵热水系统与建筑一体化进程，经标准编制组收集、归纳和整理，将主要的术语和涉及的主要符号编入本标准。

2.1 术 语

2.1.1 在直膨式太阳能热泵系统中，热泵循环工质在集热/蒸发器中直接吸收太阳能，之后通过热泵循环在冷凝器放热。直膨式太阳能热泵系统具有高效、节能、稳定的特性，相较于常规太阳能系统，集热面积更小，系统更紧凑，经济性好，不含玻璃等易碎部件，安全性好，克服了常规太阳能热利用系统的间歇性和不稳定性等缺点。在太阳辐照良好时，直膨式太阳能热泵的系统性能优于空气源热泵。

2.1.6，2.1.7 热水系统建议采用闭式系统，如采用开式系统，应确保系统内水质满足现行行业标准《生活热水水质标准》CJ/T 521 的相关规定。

3 基本规定

3.0.2 直膨式太阳能热泵热水系统建设应基于具体应用场景，针对不同功能建筑的生活热水负荷特征选择合适的系统配置。为明确系统与建筑主体协调一致，根据现行上海市工程建设规范《太阳能热水系统应用技术规程》DG/TJ 08—2004A 的相关要求，系统设计应纳入建筑工程的统一规划，同步设计、同步施工和验收，与建筑工程同时投入使用。

3.0.3 本条对直膨式太阳能热泵热水系统的可靠性能进行了强调。直膨式太阳能热泵热水系统作为室外应用场景下的一种太阳能热水系统，应有抗击不利自然条件的能力，应采取现行国家标准《民用建筑太阳能热水系统应用技术标准》GB 50364、《建筑物防雷设计规范》GB 50057 及现行上海市工程建设规范《太阳能热水系统应用技术规程》DG/TJ 08—2004A 规定的相关安全技术措施。其中包括应有可靠的防结露、防渗漏、防雷、抗雹、抗风、抗震、防冻及电气安全等技术措施。

3.0.4 直膨式太阳能热泵热水系统在进行建筑热水供应时，应保证用水终端的水质符合现行行业标准《生活热水水质标准》CJ/T 521 的要求。当冷水水质总硬度超过 75 mg/L 时，生活热水不应直接采用过流式流经真空管及 U 型管等集热元器件；当冷水水质总硬度超过 120 mg/L 时，宜进行水质软化或阻垢缓蚀处理。经软化处理后的水质总硬度(以碳酸钙计)，洗衣房用水宜为 50 mg/L～100 mg/L；其他用水宜为 75 mg/L～120 mg/L。水质阻垢缓蚀处理应根据水的硬度、温度、适用流速、作用时间或有效管道长度及工作电压等，选择合适的物理处理或化学稳定剂处理方法。

3.0.5 本条要求直膨式太阳能热泵热水系统的所有设备以及部件均应具有产品合格证书以及安装使用说明书。本条主要目的在于控制直膨式太阳能热泵热水系统各部件质量，进而控制直膨式太阳能热泵热水系统的质量，从而保证工程质量。同时，针对安装在建筑外墙、阳台等部位的集热/蒸发器和热泵室外机组，为防止部件损坏时掉落伤人，建筑设计应采取必要的技术措施，如设置挑檐或防护网等。

3.0.6 本标准第7章提出了相应的系统性能测试方法，该方法必须通过测试得到直膨式太阳能热泵热水系统中的各类参数，通过公式计算进而得到系统各项指标。因此，在直膨式太阳能热泵热水系统设计中应预留或安装测试仪器仪表的接口，从而为测试和评价工作打好基础。

3.0.7 本条规定了直膨式太阳能热泵热水系统需经过安全检查和系统调试，在建筑结构、给排水系统以及涉及安全方面的验收应与施工同步，同时在交付用户之前必须进行试运行，使其满足工程设计要求，通过工程验收。本条主要目的在于防止直膨式太阳能热泵热水系统在用户未使用时即发生质量问题，以防给用户造成损失。

4　安装位置设计与布置

4.1　一般规定

4.1.1　直膨式太阳能热泵热水系统的功能效果直接受到太阳辐射等环境条件影响，应在结合建筑特点、资源条件等场地因素，考虑建筑的功能需求，明确周围环境影响的基础上进行系统设计，组织好系统的安装及维护，一般适宜布置在朝阳方向无遮挡的相应建筑部位以保证使用效果。

4.1.2　直膨式太阳能热泵热水系统应作为建筑的标准体系进入建筑工程，相互有机结合，实现建筑一体化，以达到建筑节能和增强建筑美观的双重效果。按照现行国家标准《城市居住区规划设计规范》GB 50180 和《上海市城市规划管理技术规定(土地使用建筑管理)》的相关规定，上海地区采用的日照有效时间带为 9:00—15:00。为保证集热系统的基本节能效率，参照现行国家标准《民用建筑太阳能热水系统应用技术标准》GB 50364 的有关规定，特规定在日照标准日(冬至日)有效日照时间不宜少于 4 h。

4.1.3　太阳能集热/蒸发器一般设置在建筑屋面、阳台栏板、外墙面上，或设置在建筑的其他部位。其作为建筑的组成元素，应保持与建筑物外观的和谐统一，并与周围环境相协调，包括建筑风格、色彩。同时应满足所在部位的承载、保温、隔热、防水及防护措施等相关要求。

4.1.4　太阳能集热/蒸发器与建筑构件进行一体化设计时，不仅要保证系统的高效运转，而且应实现与建筑设计的协调一致。建筑屋面、墙面、阳台等处设置的太阳能集热/蒸发器尺寸需优先选用适合建筑模数的标准化产品。太阳能集热/蒸发器可以直接作为屋面板、阳台栏板、墙板等，除满足热水系统自身要求外，还要满足屋面板、阳台栏板、墙板的保温、隔热、防水、安全防护等要求。

4.2 建筑设计

4.2.1 方位角和倾角的选取是决定直膨式太阳能热泵热水系统能否充分有效地利用太阳能的重要因素之一，上海地区的最佳方位角为37°左右，最佳倾角为20°～25°。

4.2.2 直膨式太阳能热泵热水系统的工作效果受到日照时间、环境温度、通风条件等环境条件影响，设置集热/蒸发器和室外机组时应充分考虑辐照条件和对流条件，划定专门区域进行布置。建议在通风条件良好的屋顶、设备平台、室外平台等处布置，并结合屋面、平台的形式和适应性综合考虑阵列的布置。

4.2.3 本条提出了对直膨式太阳能热泵热水系统设置在墙面时的要求。热泵机组和集热/蒸发器应通过墙面上的预埋件与主体结构连接。在结构设计时，墙面应能承受荷重且有一定宽度保证集热/蒸发器的合理布置。管道穿墙应避开结构柱，不得影响结构安全。

4.2.4 直膨式太阳能热泵热水系统运行时压机侧可能会产生一定程度的噪声及振动，应符合现行行业标准《家用直膨式太阳能热泵热水系统技术条件》NB/T 10154 的相关要求。

4.2.5 根据现行上海市工程建设规范《太阳能与空气源热泵热水系统应用技术标准》DG/TJ 08—2316 的相关规定，应为系统室外机组建立充分的安全防护措施，保证充分的设备平台承载能力。

4.3 结构设计

4.3.1 直膨式太阳能热泵热水系统中的集热/蒸发器和热泵机组、

水箱(罐)等与主体结构的连接和锚固必须牢固可靠。主体结构的承载力必须经过计算或实物试验予以确认,并要考虑一定的安全系数。主体结构为混凝土结构时,为了保证连接件与主体结构的连接可靠性,连接部位主体结构混凝土强度等级应不低于C20。

4.3.2 为确保系统及建筑整体安全,结构规划设计应满足现行国家标准《建筑抗震设计规范》GB 50011和《建筑机电工程抗震设计规范》GB 50981的相关规定。

4.3.3 为保证直膨式太阳能热泵热水系统与建筑各部位连接牢固,应在结构浇筑时安置构配件,用于砌筑上部结构时的搭接,以利于系统设备部件基础的安装固定。锚固用于增强混凝土与钢筋连接,为使二者能共同工作以承受各种应力,其承载力设计值应大于连接件本身承载力设计值。在采取加固连接和防振措施后,系统正常运行时不应出现异常噪声和振动,以确保工程安全。

4.4 电气设计

4.4.4 本条对安装在建筑物围护结构上的直膨式太阳能热泵热水系统提出了防雷要求。直膨式太阳能热泵热水系统安装后应能抵御雷击,用钢筋或扁钢与建筑物避雷网焊接。新建建筑的直膨式太阳能热泵热水系统设计应符合现行国家标准《建筑物防雷设计规范》GB 50057的有关规定。既有建筑中增设的直膨式太阳能热泵热水系统,如不处于建筑物避雷系统的保护范围内,应按照现行国家标准《建筑物防雷设计规范》GB 50057的要求增设避雷设施。同时对增设或改造直膨式太阳能热泵热水系统的防雷接地装置进行明确规定,原有防雷设施未达到设计要求时,必须采取补救措施。

4.4.5 根据现行国家标准《建筑物防雷设计规范》GB 50057的相关规定,本条对于设置在屋顶的直膨式太阳能热泵热水系统装置的布置进行了规定。

5 设计与选型

5.1 一般规定

5.1.1 直膨式太阳能热泵热水系统除吸收太阳能外，也可通过集热/蒸发器吸收空气中热能。基于具体的使用场景，对于直膨式太阳能热泵热水系统的设计应综合考虑不同环境条件及用户需求，考虑阴雨天气下热泵的有效利用等问题，可在满足相关规范的条件下对系统进行创新改进。

5.1.2 直膨式太阳能热泵热水系统的设计受当地太阳能辐射条件、系统选型、阵列规划、环境温度及对流条件等因素影响，因而需要根据具体的地理位置、气候条件、用能需求、建筑物类型等因素综合确定。上海市地处东经 120°51′～122°12′，北纬 30°40′～31°53′，属北亚热带季风气候，属于太阳能资源Ⅲ类地区，年总辐照量在 3 780 MJ/m^2～5 040 MJ/m^2 之间。

5.1.4 民用建筑热水供应系统选择集中式、分户式，系统采取的运行方式等应根据建筑物的能源条件、用户实际的使用需求、设备用能效率、建筑使用模式、实际环境影响等综合确定。确定时应经过技术经济性分析，做好节能、舒适及对环境影响的协调统一。

5.1.5 家用型直膨式太阳能热泵热水系统和商用型直膨式太阳能热泵热水系统的界定参考了工程实际应用中的一般规定及现行国家标准《家用和类似用途热泵热水器》GB/T 23137、《商业或工业用及类似用途的热泵热水机》GB/T 21362 等相关标准及技术规程的有关规定。

5.1.6 生活饮用水输配水设备是指与生活饮用水接触的输配水

管、蓄水容器、供水设备、机械部件(如阀门、水泵、水处理机加入器等);防护材料是指与生活饮用水接触的涂料、内衬等;水处理材料包括水质处理器滤芯、膜组件、活性炭等。设备的正常使用寿命是指根据具体系统的设备型及设计和使用条件,参照相应的行业或国家标准,相应设备在额定工况下所能运行的年限。热泵主机、集热/蒸发器、集热水箱(罐)等主要部件的正常使用寿命不应少于 10 年。

5.1.8 热泵循环工质管路应尽量采取平直铺设,减少弯头的使用和铺设长度有利于降低流体阻力和减少气蚀,有助于提升系统工作性能和延长使用寿命。由于热泵机组压缩机功率有限,管路长度过长相应产生的冷凝阻力越大,导致循环工质无法充分液化,因而参照工程实际经验和相关技术规程,根据适用场景的不同对连接管路长度作出了相应的规定。

5.1.9 直膨式太阳能热泵热水系统的设备及管道若不采取保温措施,不仅会造成能源的极大浪费,而且可能会造成烫伤事故,并会使较远配水点得不到规定水温的热水。因此,应采取一定的保温措施使系统保温满足相应要求。

5.2 机组设计要求

5.2.1 集热/蒸发器工作温度低于集热器,板温较低,对涂层吸收比有要求,要求涂层耐候性好,不脱落,而对发射比的要求不高。

5.2.2 为满足用户热水的正常供应,如系统长时间正常运行后供水温度仍达不到 55℃,可考虑增加辅助热源。辅助热源的加热能力应按用水量在冬季最冷月平均冷水温度下的耗热量确定,且应扣除相应气温条件下的热泵在该时段的供热量。

5.2.3 根据上海统计年鉴记录,2004 年至 2020 年间,上海市极端最低气温达−7.8℃,1907 年至 1990 年间,上海地区年极端最低气温低于−10℃的情况出现过 7 次，且均未低于−12.1℃。因此，本标准选用−10℃作为机组应适应的低温工况条件。同时结合具体工程实际，根据上海地区冬、夏季典型日的工况条件，对直膨式太阳能热泵热水系统机组在相应环境条件下应满足的基本性能参数作出了具体的规定。

5.2.5 根据实际工程经验，结合现行国家标准《家用和类似用途热泵热水器》GB/T 23137、《商业或工业用及类似用途的热泵热水机》GB/T 21362 及现行行业标准《家用直膨式太阳能热泵热水系统技术条件》NB/T 10154 等相关标准及技术规程的有关规定，本条给出了直膨式太阳能热泵热水系统热泵机组的相关设计要求。

1 系统设计热水平均小时耗热量应根据现行国家标准《建筑给水排水设计规范》GB 50015 的相关规定进行计算确定；年平均直膨式太阳能热泵热水系统的性能系数，在上海地区考虑全年使用，商用型系统宜取 4.0～5.5，家用型系统宜取 4.0～6.0。

2 实际安装表面太阳辐照条件应根据现行上海市工程建设规范《太阳能热水系统应用技术规程》DG/TJ 08—2004A 进行修正。上海地区的直膨式太阳能热泵热水系统集热/蒸发器的得热因子系数宜取 0.85～0.95；集热/蒸发器的理想得热因子宜取 0.7～1.0。

5.2.6 为充分保证直膨式太阳能热泵热水系统的使用效果，参照现有常规集热/蒸发器的普遍规格样式（一般为长 2 m、宽 0.8 m 的整板式结构），在对每个机组单元的指定数量的集热/蒸发器进行布置时，考虑阵列均流效应、控制策略、压缩机压缩效率等因素影响，结合工程实际经验，建议集热/蒸发器的串联数量不超过 8 片，并联数量不超过 4 组。

5.2.8 膨胀阀的名义流量一般定义为 65%全开脉冲数所对应的热泵循环工质流量；热泵循环工质在对应位置的焓值可以根据测点的温度、压力、干度通过相应工质的压焓图确定状态点进行查询得到，也可以通过焓值计算公式直接计算得到。结合流量大小,即可求得单位质量物质的焓,即比焓。

5.3 水箱(罐)及输配系统设计要求

5.3.2 直膨式热泵热水系统的水箱(罐)容积设计概念与常规能源的储热水箱(罐)完全不同,常规能源系统的水箱(罐)容积主要是调节最大时用水量与秒流量之间的不平衡关系。因为直膨式热泵热水系统中的小时供热量是平均时概念,所以一般以日为单位计算调节容积。

5.3.3 本条所提供的计算方法参照现行上海市工程建设规范《太阳能热水系统应用技术规程》DG/TJ 08—2004A 的相关规定进行制定。

5.3.4 本条所提供的计算方法参照现行上海市工程建设规范《太阳能与空气源热泵热水系统应用技术标准》DG/TJ 08—2316 的相关规定进行制定。

5.3.6 本条对直膨式太阳能热泵热水系统循环泵的水力计算进行了规定,其中关于循环泵的扬程和流量的具体计算公式和不同参数的选取可参照现行上海市工程建设规范《太阳能热水系统应用技术规程》DG/TJ 08—2004A 的相关规定进行。循环泵使用弯头多,会增加局部水流阻力。进水口与弯头连接须保证一定的距离,该距离不应小于进水口直径的 5 倍,该值为根据常规循环泵的技术要求给出的参考值。

5.4 系统保温设计要求

5.4.1 根据现行国家标准《设备及管道绝热设计导则》GB/T 8175 的相关规定,具有下列情况之一的设备、管道、管件、阀门等(对管道、管阀门等统称为管道)应保温:

1 外表面温度大于 323 K(50℃)[环境温度为 298 K(25℃)时

的面温度]以及根据需要要求外表面小于或等于 323 K(50℃)的设备和管道。

2 介质凝固点高于环境温度的设备和管道。

太阳能与空气源热泵热水系统的设备及管道若不采取保温措施，不仅会造成能源的极大浪费，而且可能会造成烫伤事故，并会使较远配水点得不到规定水温的热水。

5.5 控制与监测系统设计要求

5.5.3 本条第 6 款：此种 PLC(可编程控制器)控制系统可根据实际需求现场编程处理，后需追加功能亦可编程补充。集中热水供应系统中可以记录瞬间热水用水量、温度压力及其变化曲线，并能通过自动运行程序计算出日、月、年节能减排完成指标。此种控制系统价格较高，可根据业主经济实力及意愿安装。

5.5.5 针对上海地区冬季室外气温部分时间会降至 0℃以下的气候特点，对放置在室外的热泵主机及管道应注意防冻。

6 施工与验收

6.1 一般规定

6.1.1 专项施工方案是指导整个工程施工的前提条件，是保证施工质量的基本手段。因为系统涉及施工工序较多，对施工人员进行专业技术培训非常重要，只有经过专业技术培训才能完全按照规定的流程和要求作业。

6.1.2 本标准提出的直膨式太阳能热泵热水系统适用于新建、改建及扩建的民用建筑中的应用场景，可能涉及改变原有建筑结构布局及水电格局的情况。作为一个独立的太阳能热水系统，其应有单独的施工方案；而对于建筑整体及其他已有配置应设置相应配合方案，以确保系统能与整体协调，不应影响原有的使用功能需求和整体安全稳定。直膨式太阳能热泵热水系统一般作为一个独立的工程由专业公司负责安装。本条强调并建议新建建筑安装直膨式太阳能热泵热水系统纳入建筑设备安装统一的施工组织设计中，与建筑设备整体的施工配合一致。

6.1.3 为保证直膨式太阳能热泵热水系统尤其是集热/蒸发器的耐久性，本条提出系统各部分应符合相应产品标准的有关规定，包括国家标准和行业标准，涉及基础标准、测试方法标准、产品标准和系统设计安装标准四个方面。产品的性能包括集热/蒸发器承压、防冻等安全性能以及得热量、供热水温、热水量等要求。直膨式太阳能热泵热水系统必须满足相关的设计标准、建筑构件标准及相关产品标准和安装、施工规范要求。

6.1.4 本条罗列了直膨式太阳能热泵热水系统安装前应具备的条件，目的在于规范系统的施工安装，提供优良的施工质量。

6.1.6 系统施工时涉及水电系统的协调，施工过程中应确保水电安全，考虑实用及排水效果，建议在系统供水侧最低处安装地漏等泄水装置。

6.2 系统施工

6.2.1 本条主要说明了直膨式太阳能热泵热水系统基座与支架的施工应符合的要求。

2 系统基座的施工要求参考了工程实际及现行国家标准《太阳能热水系统设计、安装及工程验收技术规范》GB/T 18713 和现行上海市工程建设规范《太阳能与空气源热泵热水系统应用技术标准》DG/TJ 08—2316 的相关规定。

6 直膨式太阳能热泵热水系统的基座与钢结构支架作为主体的支撑结构，必须确保其设计强度、刚度等依照国家现行标准的规定执行。作为连接主体结构的地面基础设施，需要准确把握位置，确保连接稳固，从而不影响系统的运行性能。为确保在室外稳定长效工作，应采取相应的防腐、抗风措施，并依据具体施工位置和方式，依照国家现行标准的相关规定执行。

6.2.2 本条主要说明了直膨式太阳能热泵热水系统主体结构的施工应符合的要求。

6 直膨式太阳能热泵热水系统的机组主体结构主要包括集热/蒸发器、膨胀阀、压缩机以及作为冷凝器的集热水箱(罐)。作为吸收太阳能关键部件，集热/蒸发器需要综合考量影响接受太阳辐照的条件进而确定安装位置及方式，同时为确保集热/蒸发器的流道均匀，应根据需要采用管路进口同程、管路进出口同程等方式，以保证系统整体的工作性能。考虑现场环境的通风条件有助于提升系统与环境的换热，进一步增强系统的运行效能。系统运行时，压缩机等部件可能产生一定程度的振动，为不影响系统运行及建筑安全稳定，应采取必要的减振措施。为确保在集热水箱（罐）内进行的工质与水的换热的顺利进行，对其提出了相应的要求。

6.2.3 本条主要说明了直膨式太阳能热泵热水系统管道及附件的施工应符合的要求。

3 直膨式热泵热水系统的系统管道及附件的安装需按照相应的行业标准、设计规范及技术规程进行。由于温度变化等因素，为保证管道长期正常运行，尤其针对铺设过长的直管路，应设置补偿器以补偿管道产生的热应力，防止管道产生破裂。电磁阀用于在管路中调整介质的流量等参数，一般为单向工作，不能反装。介质不清洁时需安装过滤器，以防止杂质妨碍电磁阀的正常工作。水平安装，有利于延长其使用寿命。由于系统需要连续工作，为不影响生产，建议采用旁路以便于检修。

6.2.4 本条主要说明了直膨式太阳能热泵热水系统安装完毕后进行灌水试验的要求。

2 水压试验其目的主要是为了检查受压元件的强度，同时也可以通过水在局部地方的渗透等情况发现潜在的局部缺陷；水压试验和灌水试验均可反映排水系统的管件及连接部位是否严密不泄漏。对于不同用途及耐压范围的管件，应根据需要采用不同的检漏试验及压强试验方法。

6.2.5 本条主要说明了直膨式太阳能热泵热水系统安装完毕后进行抽真空检查的要求。

整个工质循环系统是一个密封而又清洁的系统，不得有任何杂物存在。因此，需要采用洁净干燥的空气将残存在系统内部的铁屑、焊渣、泥砂等杂物吹净。系统如不抽真空，空气进入膨胀阀会占据制冷剂通道，影响节流效果；空气中的不凝气体会使冷凝压力、排气温度升高；氧气还会与冷冻油生成有机物造成脏堵。而且冷媒泄漏会导致机组效果变差，严重的还会导致压缩机过热损坏。因此，需要严格检查气密性，并进行抽真空。

6.2.6 本条规定了直膨式太阳能热泵热水系统电力及控制系统

施工的要求。从安全角度强调所有电器设备和与电气设备相连接的金属部件应做接地处理。设置在屋面的热泵系统应设置防直击雷及防雷击电磁脉冲装置,并应进行防雷测试。

6.3 系统调试

6.3.1 本条强调了直膨式太阳能热泵热水系统必须进行系统调试,以确保系统正常运行。具备使用条件时,系统调试应在竣工验收阶段进行;不具备使用条件时,经建设单位同意,可延期进行。直膨式太阳能热泵热水系统应先做部件调试,包含压缩机、电磁阀、电气设备及其控制系统,再进行系统调试。

6.4 工程验收

6.4.1 本条是对直膨式太阳能热泵热水系统整体工程验收的基本规定,包括系统分项工程检验批质量验收和系统分项工程质量验收。

4 系统分项工程检验批质量验收合格应符合下列规定:

1) 检验批按主控项目和一般项目验收;

2) 主控项目应全部合格;

3) 一般项目应合格;当采用计数检验时至少应有 90%以上的检查点合格,且其余检查点不得有严重缺陷。

5 系统分项工程质量验收合格应符合下列规定:

1) 分项工程所含检验批均合格;

2) 分项工程所含检验批质量验收记录完整。

6 系统工程质量验收合格应符合下列规定:

1) 所含分项工程均合格;

2) 质量保证及主要部件有效期内型式检验报告齐全;

3) 系统检测合格。

6.4.2 本条是对直膨式太阳能热泵热水系统主控项目的工程验收的基本规定。

1 直膨式太阳能热泵热水系统基座安装应保证与建筑主体结构的可靠连接，并不得造成对建筑屋面防水层、保温层的破坏，影响建筑使用功能。基座固定件设计应优先考虑在结构施工期间预埋，当必须采用后置埋件做法时，设计单位应明确埋件布置、锚栓材料、规格、数量及拉拔力检测指标等。

2 本款强调了集热/蒸发器、热泵主机、水箱（罐）进场验收时对质量合格证明文件及型式检验报告的要求。验收时，应核对实物质量保证书、产品检测报告、型式检验报告。

6 实际应用中，不少水箱（罐）采用钢板焊接，故对内外壁尤其是内壁的防腐提出要求，以确保不危及人体健康和能承受的热水温度。

8 本款强调了直膨式太阳能热泵热水系统管道及附件进行进场验收时对质量合格证明文件及型式检验报告的要求。

6.4.3 本条是对直膨式太阳能热泵热水系统一般项目的工程验收的基本规定。

1 为防止屋面直膨式太阳能热泵热水系统基座安装时（尤其是对于在既有建筑上安装直膨式太阳能热泵热水系统时，需要刨开屋面面层做基座），因施工原因局部损坏已做好的屋面防水层，致使屋面丧失防水整体性，导致渗漏，应按现行国家标准《屋面工程质量验收规范》GB 50207 的规定验收。

2 本款强调了钢结构支架的防腐质量，要求对照设计图纸和有关标准验收。

3～5 此三款要求对照设计图纸和有关标准验收。

6 本款强调了热泵主机摆放位置以及与支架的固定，以防止热泵主机滑脱。

7 本款对系统间的连接加以强调，以防止直膨式太阳能热泵热水系统因连接方式不正确出现漏水。

8 本款强调了热泵主机和集热/蒸发器摆放位置以及与支架的固定，以防止热泵主机滑脱。

11 本款规定了管道穿过结构伸缩缝、抗震缝及沉降缝时，应根据不同的情况所采取的具体保护措施。

13 本款规定了对阀门进行强度和严密性试验。

15 实际安装中，容易出现供水泵、各类阀的安装方向不正确的现象，本款对此加以强调。

16～19 在实际应用中，直膨式太阳能热泵热水系统常常会进行温度、温差、压力、水位、时间、流量等控制，这四款强调了各类传感器的安装质量和注意事项。

7 性能测试

7.1 一般规定

7.1.1 在竣工验收前，必须对系统进行性能测试。由于太阳辐射全年变化很大，负荷也很难统一不变，因此通过长期的测试更能反映系统的真实性能，但是限于时间和经济等现实因素，有时不具备长期测试的条件，则需要选择一些典型的工况通过短期测试，计算出系统的工程性能。在条件允许时，宜在系统投入使用后根据实际情况补充进行长期测试。

7.1.2 开展系统性能检测需规定一定的试验条件，参照现行国家标准《家用空气源热泵辅助型太阳能热水系统技术条件》GB/T 23889、《商业或工业用及类似用途的热泵热水机》GB/T 21362 和现行上海市工程建设规范《太阳能与空气源热泵热水系统应用技术标准》DG/TJ 08—2316 的相关规定，对环境风速、水箱水温、太阳辐照量、环境温度作出了具体要求。测试试验结果所需满足的不同太阳辐照量和环境温度所在的不同区间可分多日测得。

7.1.3 本条规定了长期测试的负荷率。试验测试旨在检验直膨式太阳能热泵热水系统的实际运行情况，长期测试应尽量全面地展现系统的实际性能，因而对于测试周期、测试环境条件、系统负荷等作出了具体要求。对于直膨式太阳能热泵热水系统，负荷率过低，将不能反映系统的真实性能，因此应尽量接近系统的设计负荷。每年春分或秋分前后 60 d 的气象条件可以基本反映全年的平均水平。

7.1.5 本条规定了测试与评定的抽样方法及原则。直膨式太阳能热泵热水系统工程测试和评定抽样的方法参照了现行上海市工程建设规范《太阳能与空气源热泵热水系统应用技术标准》DG/TJ 08—2316 的相关规定。

7.3 测试方法

7.3.2 本条给出了直膨式太阳能热泵热水系统得热功率的计算方法。

7.3.3 本条给出了直膨式太阳能热泵热水系统集热/蒸发器吸收太阳能的集热效率的计算方法。第 2 款中，若 P_{am} 大于 0，则集热/蒸发器从环境中吸热；若 P_{am} 小于 0，则集热/蒸发器向环境放热即损失热量；若 P_{am} 等于 0，则与环境不发生热交换。对于上海地区，集热效率值宜不低于 70%。

7.3.4 本条给出了直膨式太阳能热泵热水系统得热因子的计算方法。年平均得热因子可按下式进行计算：

$$\varepsilon_y = \frac{\sum_{i=1}^{n} x_i \varepsilon_i}{\sum_{i}^{n} x_i} \tag{1}$$

式中：ε_y ——年平均得热因子（无量纲）；

ε_i ——处在不同太阳辐照量和环境温度的工况条件下的得热因子（无量纲），可按照本标准第 7.1.2 条给出的不同太阳辐照量和环境温度的工况条件的划分方法，$i \in [1,n]$，$i \in Z$，$n \in Z$；

x_i ——全年中处在不同工况条件下的天数(d)。

对于上海地区，得热因子值宜不低于 75%。

7.3.5 本条给出了直膨式太阳能热泵热水系统性能系数的计算方法。年平均系统性能系数可按下式进行计算：

$$COP_y = \frac{\sum_{i=1}^{n} x_i COP_i}{\sum_{i}^{n} x_i} \tag{2}$$

式中：COP_y ——年平均直膨式太阳能热泵热水系统性能系数（无量纲）；

COP_i ——处在不同太阳辐照量和环境温度的工况条件下的直膨式太阳能热泵热水系统性能系数（无量纲），可按照本标准第7.1.2条给出的不同太阳辐照量和环境温度的工况条件的划分方法，$i \in [1,n], i \in Z, n \in Z$；

x_i ——全年中处在不同工况条件下的天数(d)。

在对应工况下的家用、商用直膨式太阳能热泵热水系统性能系数值宜分别符合表1、表2的要求。

表1　家用直膨式太阳能热泵热水系统性能系数限值

温度 \ COP \ 辐照量	<8 MJ/(m^2·d)	8～12 MJ/(m^2·d)	12～16 MJ/(m^2·d)	>16 MJ/(m^2·d)
−10℃～0℃	1.8～2.2	2.8～3.2	3.5～3.9	3.8～4.2
0℃～10℃	2.3～2.7	3.3～3.7	4.3～4.7	4.6～5.0
10℃～20℃	2.8～3.2	3.7～4.1	4.9～5.3	5.2～5.6
20℃～30℃	3.3～3.7	4.2～4.6	5.8～6.2	6.1～6.5
30℃～40℃	3.8～4.2	4.6～5.0	6.2～6.6	6.5～6.9

表2　商用直膨式太阳能热泵热水系统性能系数限值

温度 \ COP \ 辐照量	<8 MJ/(m^2·d)	8～12 MJ/(m^2·d)	12～16 MJ/(m^2·d)	>16 MJ/(m^2·d)
−10℃～0℃	1.3～1.7	2.3～2.7	3.0～3.4	3.3～3.7
0℃～10℃	1.8～2.2	2.8～3.2	3.8～4.2	4.1～4.5
10℃～20℃	2.3～2.7	3.2～3.6	4.4～4.8	4.7～5.1
20℃～30℃	2.8～3.2	3.7～4.1	5.3～5.7	5.6～6.0
30℃～40℃	3.3～3.7	4.1～4.5	5.7～6.1	6.0～6.4

8 运行与维护

8.1 一般规定

8.1.2 系统正常运行期间，对系统的监测与维护应由专业部门定期进行；当系统发生故障并检修后，应对系统进行检测，以确保运行恢复正常。

8.2 安全检查

8.2.2 热水系统室外管路在冬季运行时可能会产生冻堵现象，从而影响系统的运行甚至对系统结构造成破坏。因此，应在冬季之前确保系统的防冻保护措施状态良好，从而避免冻堵。

8.3 机组的运行管理与维护

8.3.1 集热/蒸发器的温度能一定程度反映出工质的工作情况，集热/蒸发器长期空晒，工质在不流动条件下接受太阳辐射，容易导致集热/蒸发器受损，相较于正常运行，会加速系统老化，影响其使用寿命。

8.3.2 集热/蒸发器表面的灰垢对面板接收太阳辐射和散热有直接影响，并能使面板表面受到腐蚀，水箱（罐）内水垢也会导致换热效率下降，影响导热，同时缩短设备使用寿命。因此，应定期清除污垢。